Für Quentin

Petra Nitschke
Bildsprache II
Neue Formen und Figuren in Grund- und Aufbauwortschatz

Endenicher Str. 41, D-53115 Bonn
Tel: 0228 - 977 91-0, Fax: 0228 - 977 91-99
info@managerseminare.de
www.managerseminare.de

ISBN: 978-3-95891-052-2

Herausgeber der Edition Training aktuell:
Ralf Muskatewitz, Jürgen Graf, Nicole Bußmann

Lektorat: Ralf Muskatewitz
Layout, Fotos und Illustration: Petra Nitschke
Druck: Kösel GmbH und Co. KG, Krugzell

Petra Nitschke

Bildsprache II

Neue Formen und Figuren
in Grund- und Aufbauwortsschatz

managerSeminare Verlags GmbH – Edition Training aktuell

Einleitung 6

Inhaltsangabe 12

A Formen im Grundwortschatz 20

B Formen im Aufbauwortschatz 60

C Figuren im Grundwortschatz 160

D Figuren im Aufbauwortschatz 202

Index 294

Die Autorin.......................................314

Danksagung 316

Seite 20 – 59

Formen
Grundwortschatz

1. Linien
2. Grundformen
3. Grundkörper
4. Einfache Icons

Seite 60 – 159

Formen
Aufbauwortschatz

1. Infrastruktur
2. Bildung & Beruf
3. Haushalt
4. Freizeit
5. Natur

Seite 160 – 201

Figuren
Grundwortschatz

1. Kullermännchen
2. Gesichter
3. Körpersprache
4. Charaktere
5. Mensch & Tier

Seite 202 – 293

Figuren
Aufbauwortschatz

1. Körper
2. In Bewegung
3. In der Bildung
4. Im Beruf
5. Im Haushalt
6. In der Freizeit

Einleitung

Was erwartet Sie in diesem Buch? Bewährtes trifft auf Neues!

Bewährt hat sich Aufbau und Struktur des Vorgängers: Die Trennung von einfachen Bildern im Grundwortschatz und komplexeren Bildern im Aufbauwortschatz. Natürlich erwarten Sie auch wieder zahlreiche Learnings, in denen Sie Schritt für Schritt die Bilder nachzeichnen lernen.

Neu hinzugekommen sind aktuelle Sachthemen wie zum Beispiel Digitalisierung, Globalisierung und Interkulturelles. Außerdem Themen rund um den Menschen: Körperanatomie, Gesichter, Charaktere entwickeln. Bekannte Motive aus dem Vorgängerbuch wurden weiterentwickelt – so wird zum Beispiel aus der Insel eine Steueroase.

Neu ist auch ein dezenter Einsatz von Farbe in Kombination mit dem bewährten Grau. Lassen Sie sich dazu inspirieren, in beiden Werken alte und neue Motive weiterzuentwickeln und in kurzen Storyboards miteinander lebendig in Szene zu setzen. Viel Spaß dabei!

Formen im Grundwortschatz
Lernen Sie das ABC der Bildsprache kennen – Grundformen und Grundkörper – und erfahren Sie, wie Sie mit ihnen einfache Bilder und Symbole kreieren können.

Formen im Aufbauwortschatz
Erweitern Sie in diesem Kapitel Ihren Wortschatz. Finden Sie in verschiedenen Kapiteln geeignete Bildvokabeln und wagen Sie sich Schritt für Schritt an kompliziertere Formen.

Figuren im Grundwortschatz
Erfahren Sie, wie Sie aus Kuller- und Sternmännchen Charaktere entwickeln, die über Mimik, Gestik und Körperhaltung Gemütszustände ausdrücken können.

Figuren im Aufbauwortschatz
Hier lernen Sie, Figuren in Alltags-, Lern- und Arbeitssituationen in komplizierteren Posen darzustellen.

Einleitung

Vier Dinge benötigen Sie für Ihre Bilder: Papier in guter Qualität, Bleistift zum Skizzieren und Marker für Konturen und Schattierung.

Papier
Ihre Bildvokabeln zeichnen Sie auf DIN-A3- oder DIN-A4-Bögen. Wichtig ist eine gute Qualität des Papiers.

Bleistift zum Skizzieren
Sie skizzieren den Rohentwurf mit einem Bleistift.

Marker für Konturen
Mit einem schwarzen Fineliner oder mit Permanent-Markern in unterschiedlichen Strichstärken ziehen Sie Konturen nach.

Copic Marker zum Schattieren
Mit grauen Copic Markern können Sie einfach und schnell Schatten erzeugen.

Neutral bleiben Ihre Zeichnungen, wenn Sie lediglich einen schwarzen Konturenstift mit grauem Marker kombinieren.

So lassen sich die Zeichnungen in Dokumenten und Präsentationsfolien einsetzen, ohne farblich mit dem Layout zu konkurrieren.

Einleitung

In diesem Buch sind die Bilder farbig. Dafür benutze ich dicke Buntstifte in den Grundfarben.

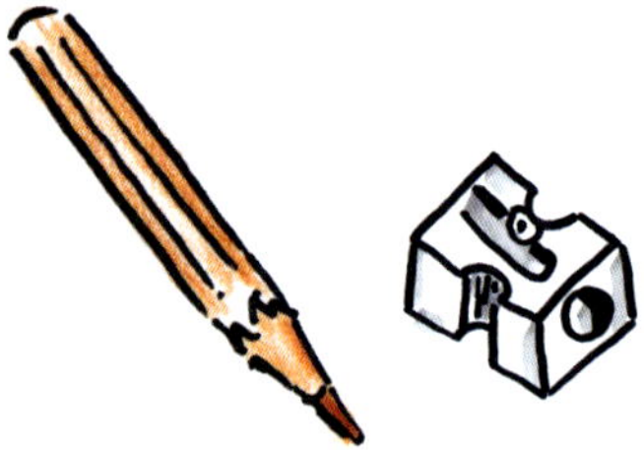

Buntstifte
Zum Colorieren reichen die Grundfarben. Zusätzlich benutze ich Braun für Holz. Mein Tipp: Setzen Sie nicht zu viele Farben gleichzeitig ein. Ein bis zwei Farben reichen in der Regel.

Stiftemäppchen
Bleistift, Radiergummi, Anspitzer, Fineliner, Copic Marker und Buntstifte – alles findet Platz in meinem Stiftemäppchen, seit Jahren mein Denk- und Visualisierungswerkzeug und treuer Begleiter.

Spitzabfall und Minenstaub
Zum großflächigen Colorieren verwende ich mittlerweile statt Kreide den Minenstaub, der beim Anspitzen der Buntstifte entsteht.

Anschließend arbeite ich das Bild mit der Buntstiftspitze weiter aus.

Inhaltsangabe

... und hier nun die Inhalte ...

Formen Grundwortschatz 20

1. Linien 22

Struktur durch Linien 22
Dynamik durch Linien 28
Tiefe durch Linien 30

2. Grundformen 32

Von der Linie zur Grundform 32
Kompositionen aus Grundformen 34
Tiefe durch Grundformen 36

3. Grundkörper 38

Von der Grundform zum Körper 38
Würfel & Pyramiden 40
Zylinder & Kegel 42
Kugeln 44
Ketten, Ringe & Reifen 46

4. Einfache Icons 48

Arbeit – Verkehr – Reisen 48
Hygiene – Körper – Medizin 50
Haushalt – Nahrung – Natur 54
Tiere 58

Inhaltsangabe

Formen Aufbauwortschatz 60

1. Infrastruktur 62

Wege 62
Gebäude 66
Verkehr 70
Technik 86
Geld 94

2. Bildung & Beruf 98

Schule 98
Weiterbildung 100
Büro 102

3. Haushalt 104

Wohnungseinrichtung 104
Hausputz & Handwerk 106
Handarbeit & Kleidung 110
Nahrungsmittel 114
Küchenzubehör 124

4. Freizeit 128

Sport 128
Gesellschaftsspiele 130
Billard & Krökeln 134
Karten- & Glücksspiel 136

5. Natur 140

Bäume 140
Landschaft 142
Landwirtschaft 144
Tiere 146
Wetter 158

Inhaltsangabe

Figuren Grundwortschatz 160

1. Kullermännchen 162

Gruppen & Menschenmassen 162
Denken & Sprechen 164
Im Dialog 166

2. Gesichter 168

Gesichter von vorn 168
Gesichter aus anderen Perspektiven 170
Haarkontrolle 174
Kopfbedeckungen 176

3. Körpersprache ... 178
Emotionen durch Gestik ... 178
Emotionen durch Körperhaltung ... 180
Weitere Gemütszustände ... 182

4. Charaktere ... 184

Generationen ... 184
Familie ... 186
Verschiedene Kulturen ... 188
Verschiendene Berufe ... 190
Historische Persönlichkeiten ... 194

5. Mensch & Tier ... 198

Schlangenbeschwörer ... 198
Schlange im Paradies ... 198
Hirte ... 199
Dompteur ... 199
Reiter auf Pferd und Esel ... 200

Inhaltsangabe

Figuren Aufbauwortschatz 202

1. Körper 204

Anatomie 204
Verletzungen 208
Körperliche Einschränkungen 210
Krankheiten 212
Schlafphasen 214

2. In Bewegung 216
Bewegungsabläufe 216
Stehen & Gehen 220
Laufen 222
Schieben & Fahren 224

3. In der Bildung 226

Lernen – Koordination & Problemlösung 226
Unterricht – analog & digital 228
Umgang mit dem Smartphone 230

4. Im Beruf 232

Büroalltag 232
Streik 236
Geldangelegenheiten 238
Werte & Wertschätzung 240
Motivation 242
Vorhersagen, Einfälle & Ideen 244

5. Im Haushalt 246

Einkauf 246
Küchenarbeit 248
Handwerk 252
Gartenarbeit 254

6. In der Freizeit 256

Freizeitsport – Indoor & Outdoor 256
Ballsport & Cheerleading 260
Tanzen – Yoga – Kampfkunst.............. 264
Kraftsport – Turnen – Laufen 270
Freizeitaktivitäten in der Natur 278

Formen

Grundwortschatz

Formen Grundwortschatz

Linien

Grundformen

Grundkörper

Einfache Icons

LEARNING Die Linie – Struktur, Dynamik und Tiefe

Die Linie ist mehr als eine Verbindung zwischen zwei Punkten. Linien schaffen Strukturen. Linien vermitteln Horizont und Weite. Durch Linien kommt Lebendigkeit ins Bild.

Schwerpunkt Struktur – Wie Sie durch Linien verschienene Materialien wie Wasser, Holz, Glas darstellen.

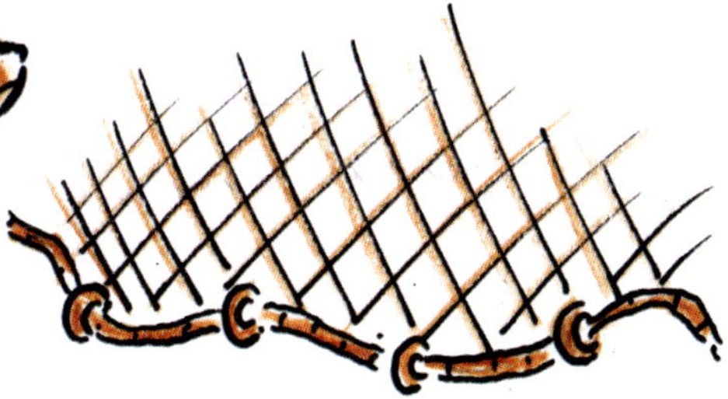

Linien

STEP BY STEP Kreuzknoten zeichnen

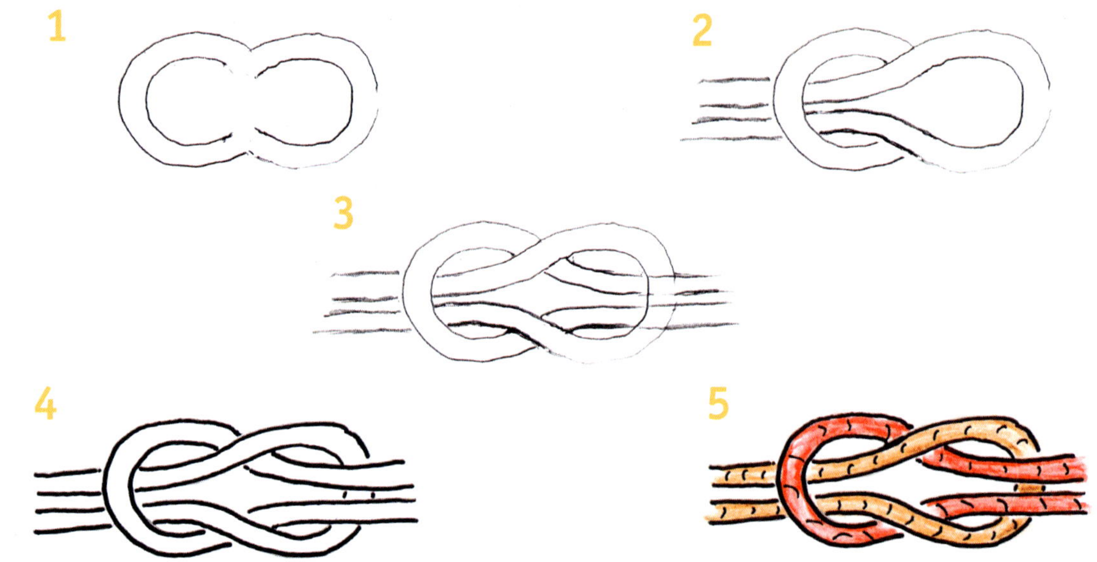

Linien

STEP BY STEP Tischdecke zeichnen

LEARNING Dynamik und Lebendigkeit durch Linien – Speedlines

Speedlines sind kurze schnelle Linien, die nahe am Objekt angesetzt und dann im schnellen und dünnen Strich weggezogen werden. Mit Rauchwölkchen und einigen anderen Raffinessen lassen sich somit Gegenstände lebendig machen: sie bewegen sich, fangen an zu glänzen, zu wärmen, zu duften …

Schwerpunkt Dynamik – Wie durch Einsatz von Linien Gegenstände lebendig werden.

Linien
Grundformen
Grundkörper
Einfache Icons

LEARNING Tiefe durch die Horizontallinie

Eine Horizontallinie vermittelt Weite, vertikale Linien vermitteln Tiefe.

Schwerpunkt Tiefe – Wie durch Einsatz von Linien Weite und Tiefe im Bild erzeugt werden.

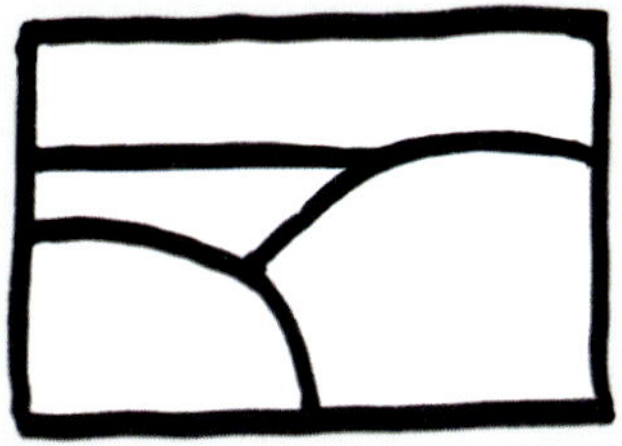

Übung

Zeichnen Sie drei Linien und kreieren Sie verschiedene Landschaften.

Linien
Grundformen
Grundkörper
Einfache Icons

LEARNING **Von der Linie zur Grundform**

Grundformen sind die „Buchstaben“ der visuellen Sprache. Kombiniert man sie, entstehen neue Bildvokabeln.

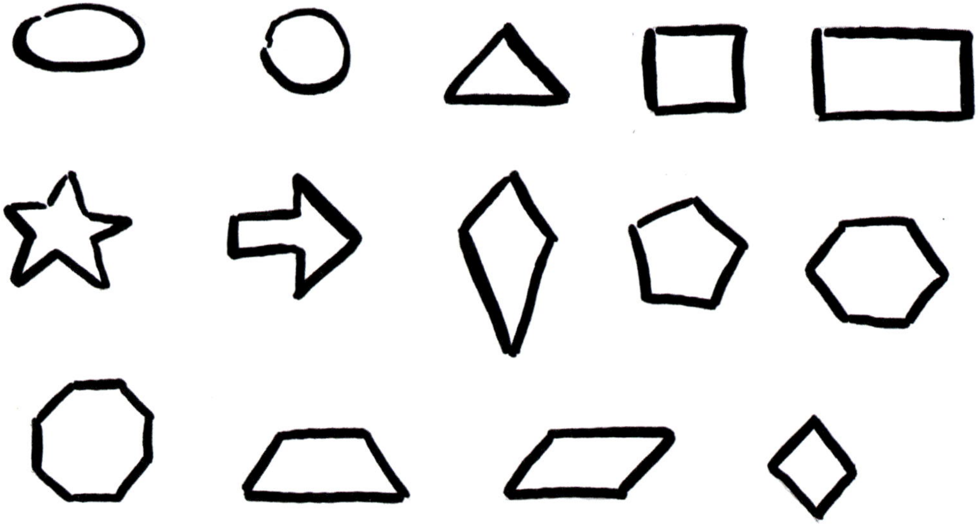

Linien

Grundformen

Grundkörper

Einfache Icons

STEP BY STEP EU-Flagge zeichnen

1 2 3 4

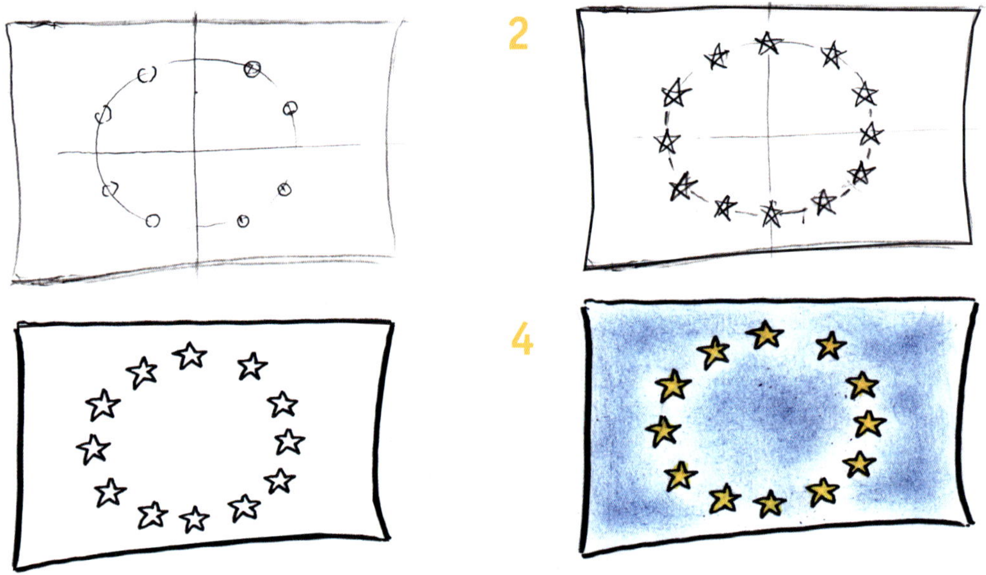

WANTED
5000 EURO

Grundformen

STEP BY STEP Unmögliches Dreieck (Tribar) zeichnen

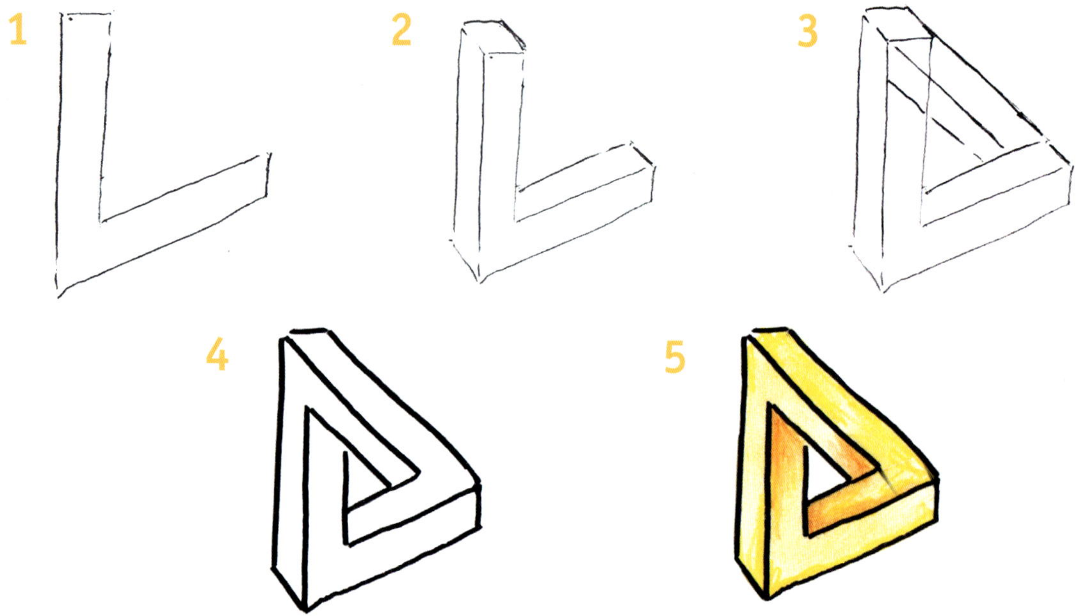

Grundkörper

LEARNING Von der Grundform zum Grundkörper

Bislang haben wir Gegenstände zweidimensional gezeichnet. Das ging schnell, weil wir geschickt Grundformen miteinander kombiniert haben. Mit ein wenig mehr Aufwand können wir jedoch auch dreidimensional zeichnen, indem wir von Grundformen in Grundkörper übergehen.

Schwerpunkt Dreidimensional – Wie aus Grundformen Grundkörper entstehen.

Grundform Viereck

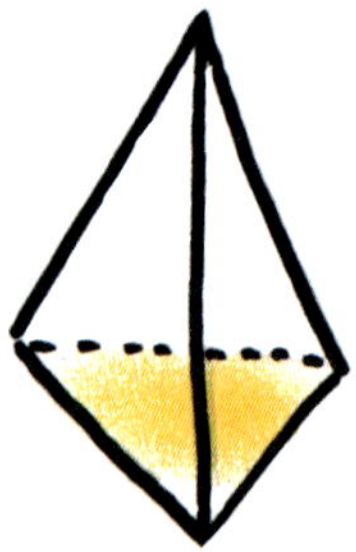

Grundform Dreieck

Grundform Kreis

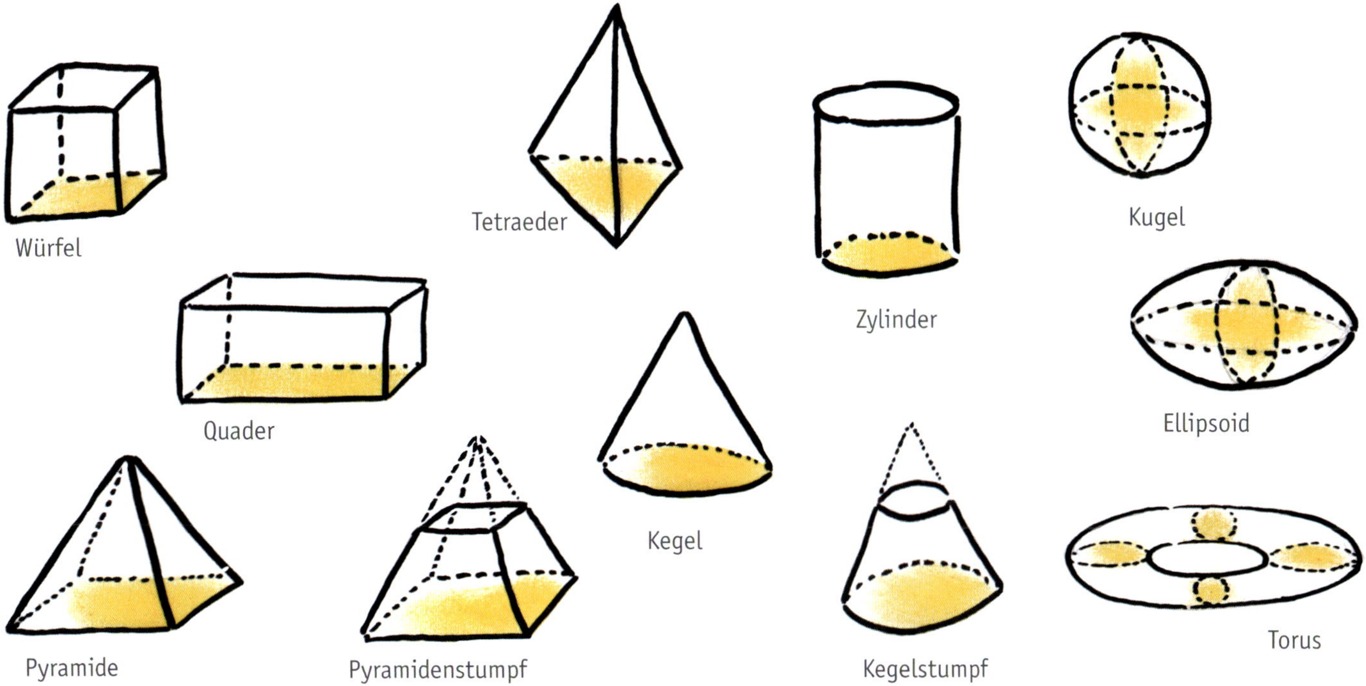
Würfel
Tetraeder
Zylinder
Kugel
Quader
Kegel
Ellipsoid
Pyramide
Pyramidenstumpf
Kegelstumpf
Torus

Linien
Grundformen
Grundkörper
Einfache Icons

STEP BY STEP **Würfelbauten zeichnen**

1

2

3

4

Grundkörper

STEP BY STEP **Eine Pyramide aus Dosen zeichnen**

Grundkörper

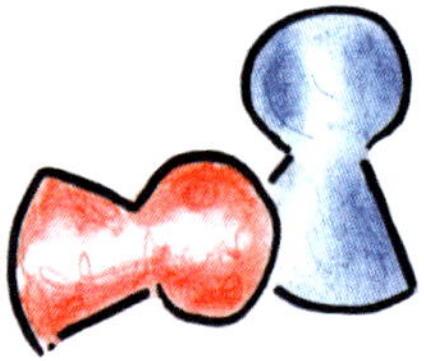

8

Grundkörper

STEP BY STEP Kettenglieder zeichnen

Einfache Icons

50
50

Einfache Icons

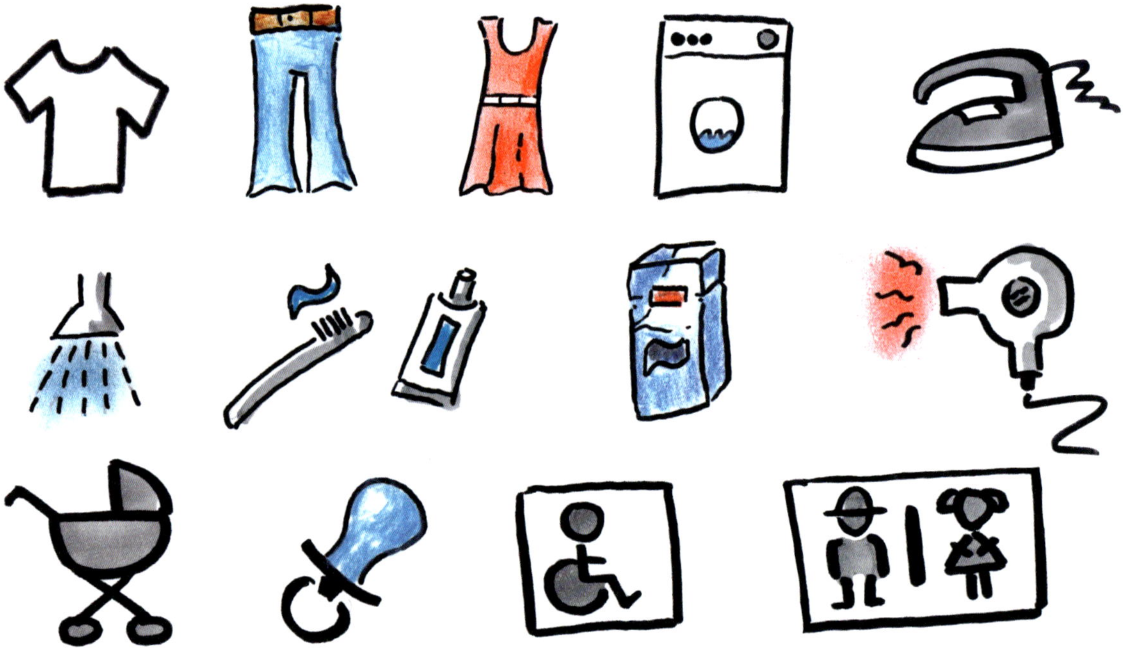

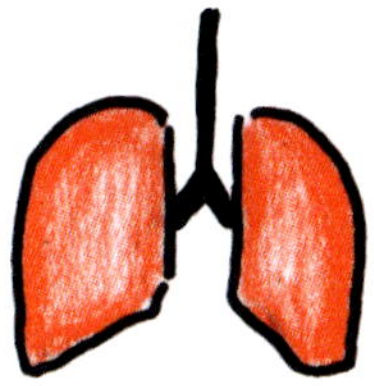
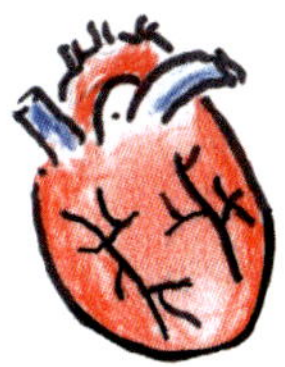
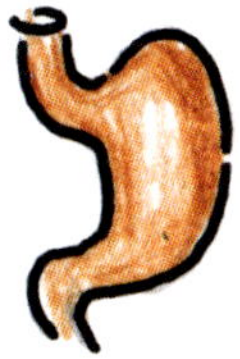

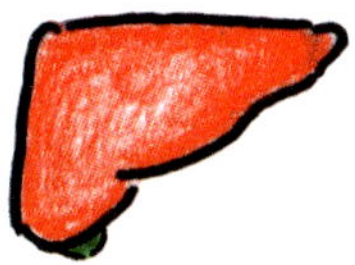
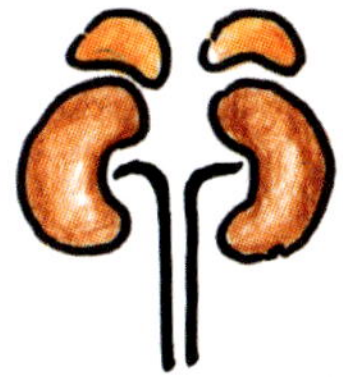

Einfache Icons

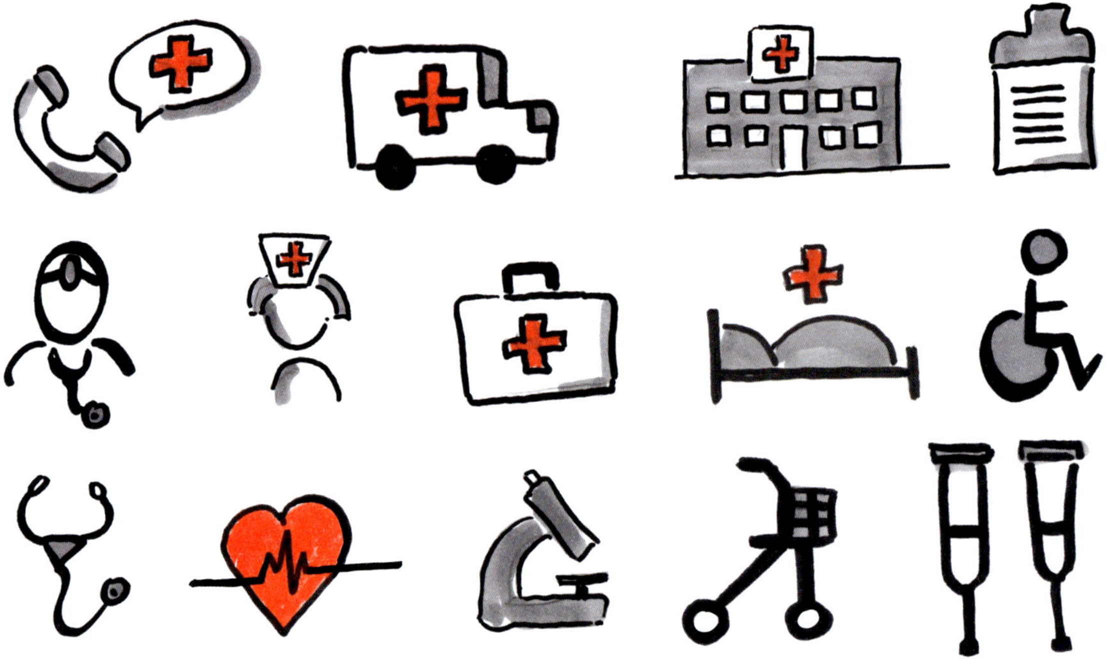

R.I.P.

Einfache Icons

S
P

Einfache Icons

Einfache Icons

Formen Aufbauwortschatz

Infrastruktur
Bildung & Beruf
Haushalt
Freizeit
Natur

LEARNING Eine Allee zeichnen

Eine Horizontlinie und Fluchtlinien, die auf einen Fluchtpunkt streben, bestimmen die Größe der Bäume. Zum Horizont hin verkürzen sich die Abstände der Bäume.

1

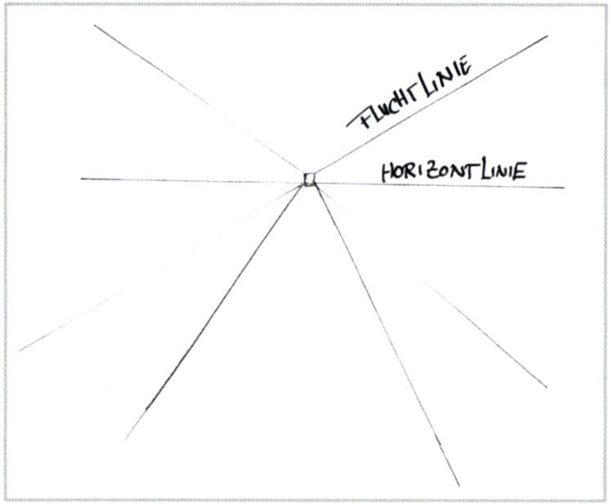

2

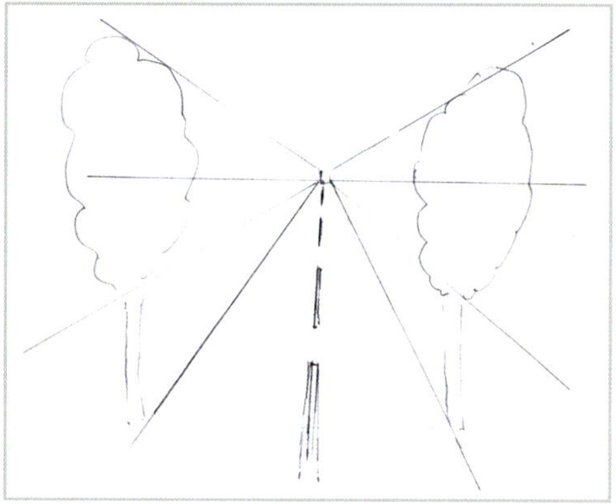

3

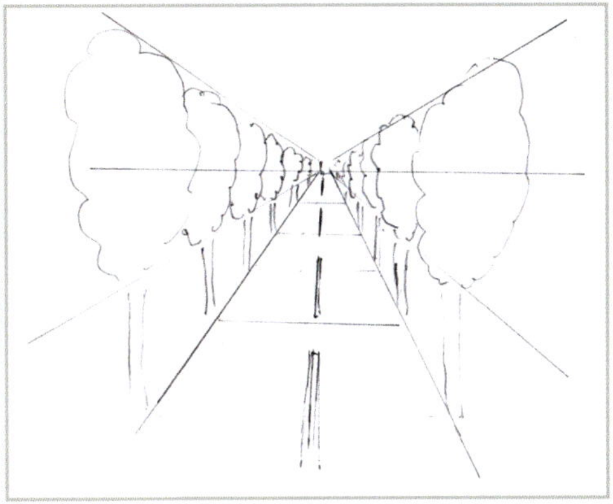

4

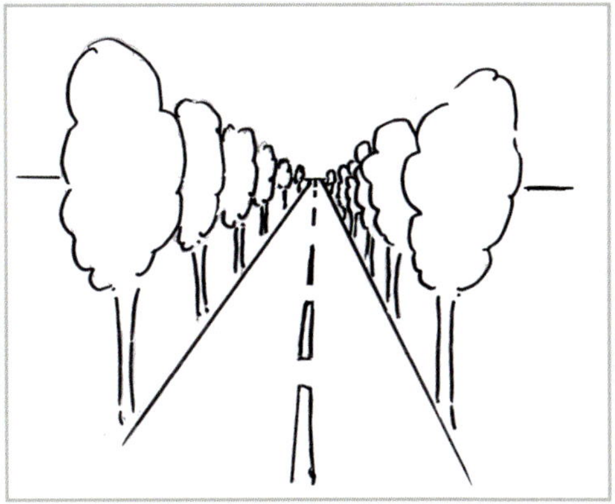

5

Infrastruktur

A7
HANNOVER
98
MPH
200
12:15
0:10

WELCOME

Infrastruktur
Bildung & Beruf
Haushalt
Freizeit
Natur

LEARNING Frosch- und Vogelperspektive

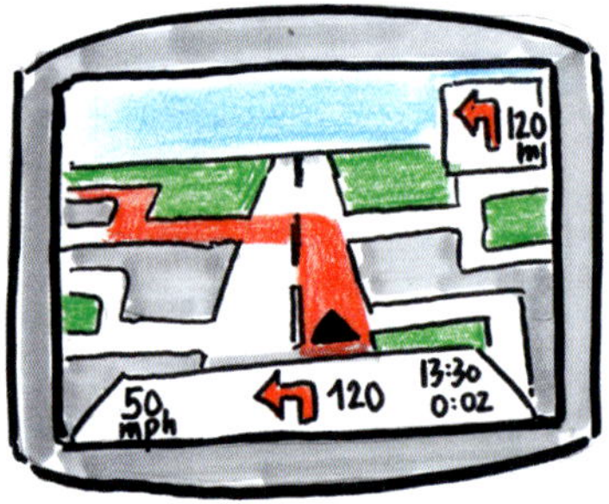
120
m
50
mph
120
13:30
0:02

H

Infrastruktur
Bildung & Beruf
Haushalt
Freizeit
Natur

Infrastruktur

Infrastruktur

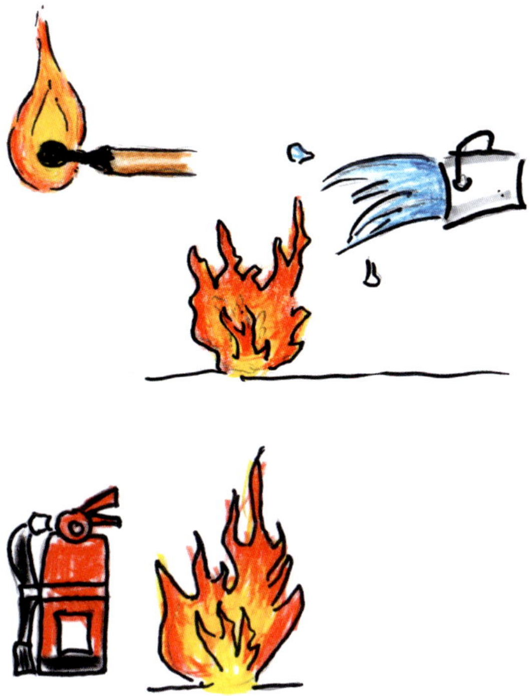

Infrastruktur

Isla Plana

Infrastruktur

TV

A
60

Infrastruktur

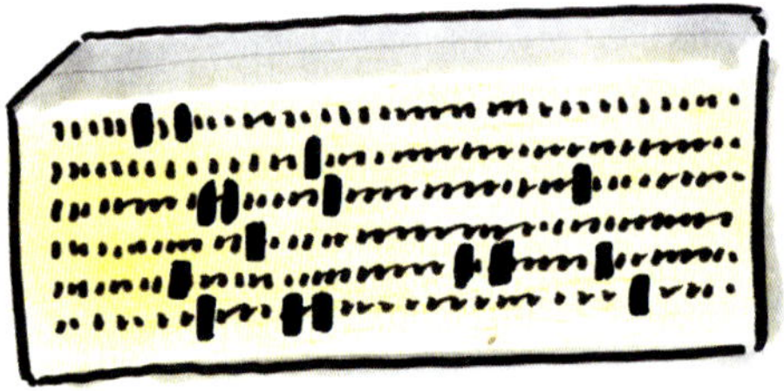

Infrastruktur

Infrastruktur

Infrastruktur

1

Mastercard
3141 5926 5358 9793
MONI MUSTERMANN
01/18

2

50
50

Bildung & Beruf

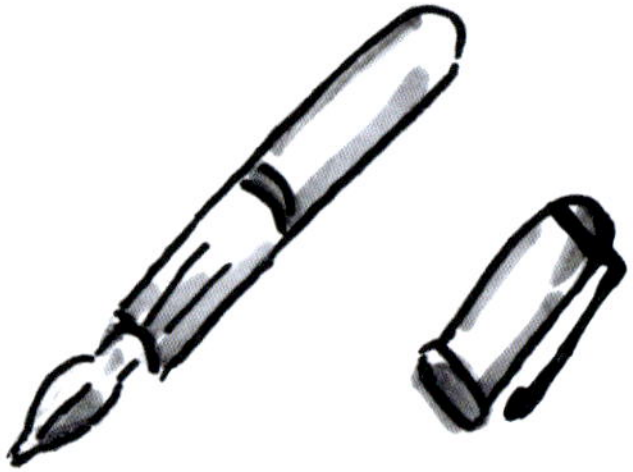

a²
b²
c²

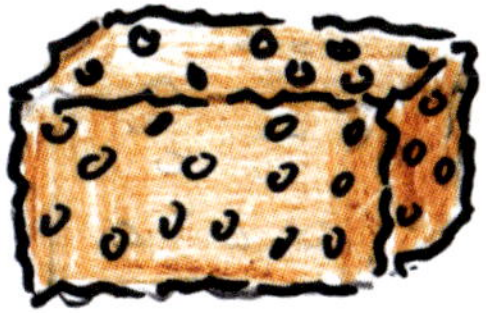

Mo
Di
Mi
DO
SA
So

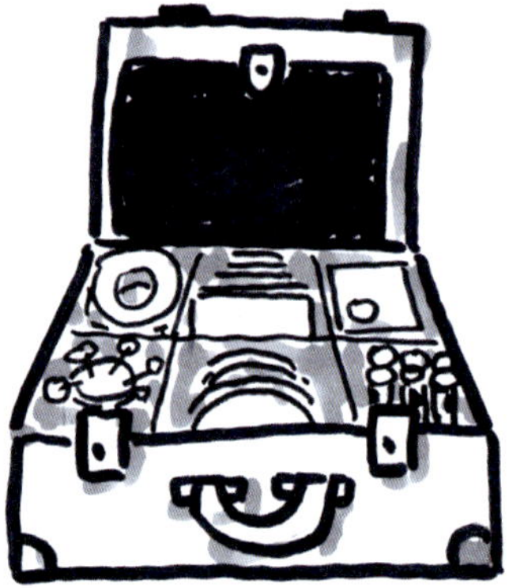

Petra N.

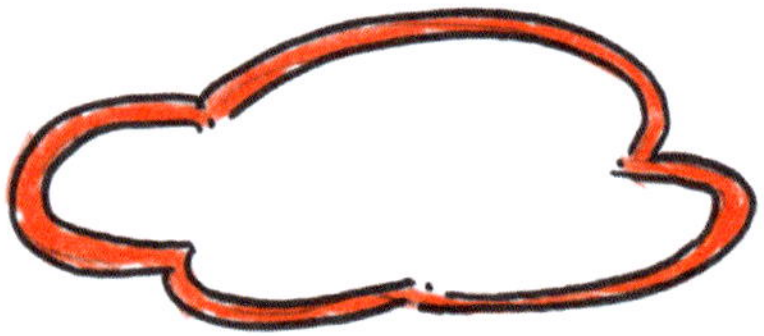

Themen
2
3
1

Urkunde

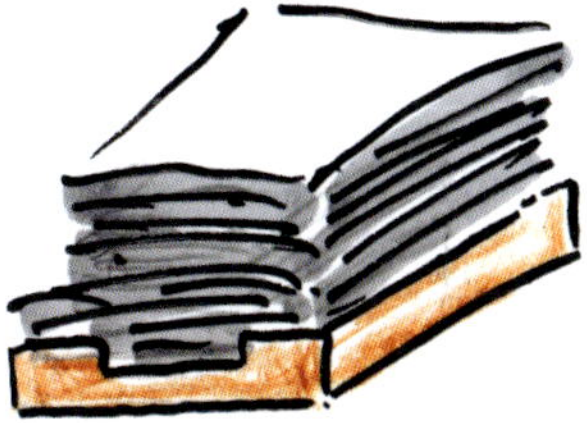

GEPRÜFT
GEPRÜ.F.T

GEPRÜ.F.T

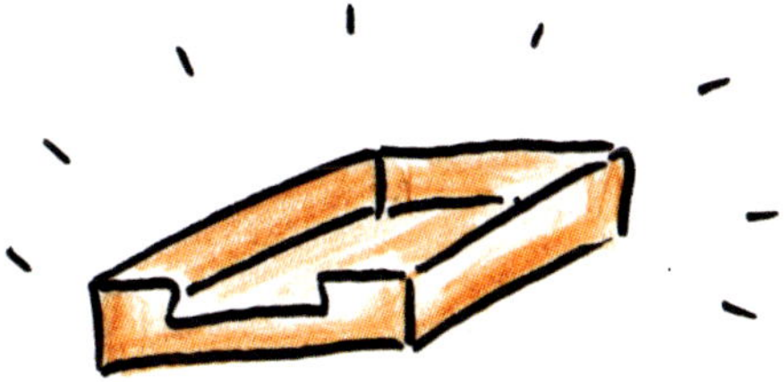

Haushalt

PISA

Haushalt

Step by Step **Eine Werkzeugkiste zeichnen**

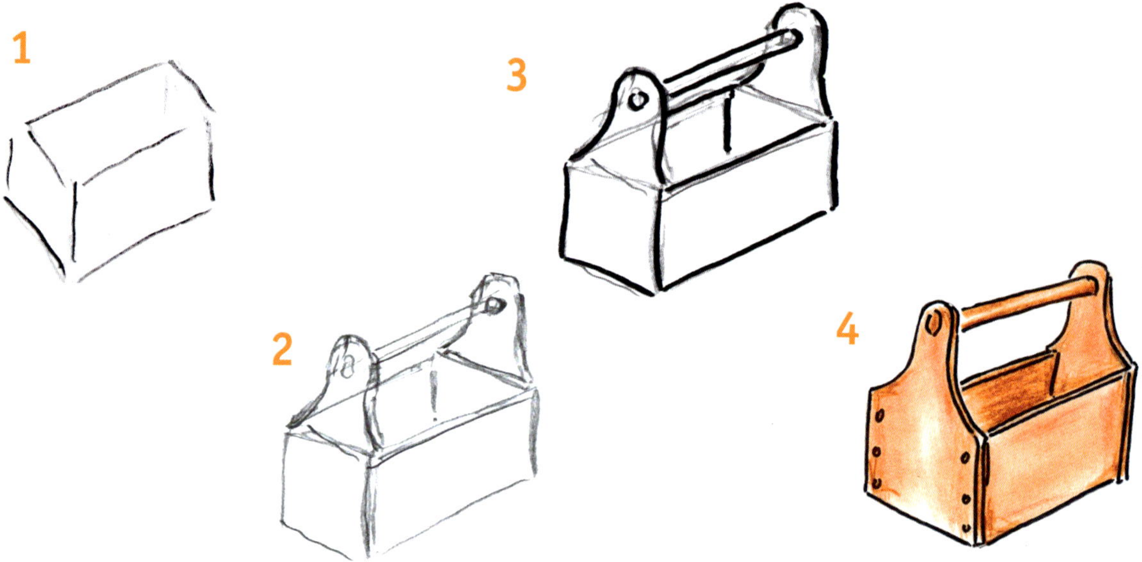

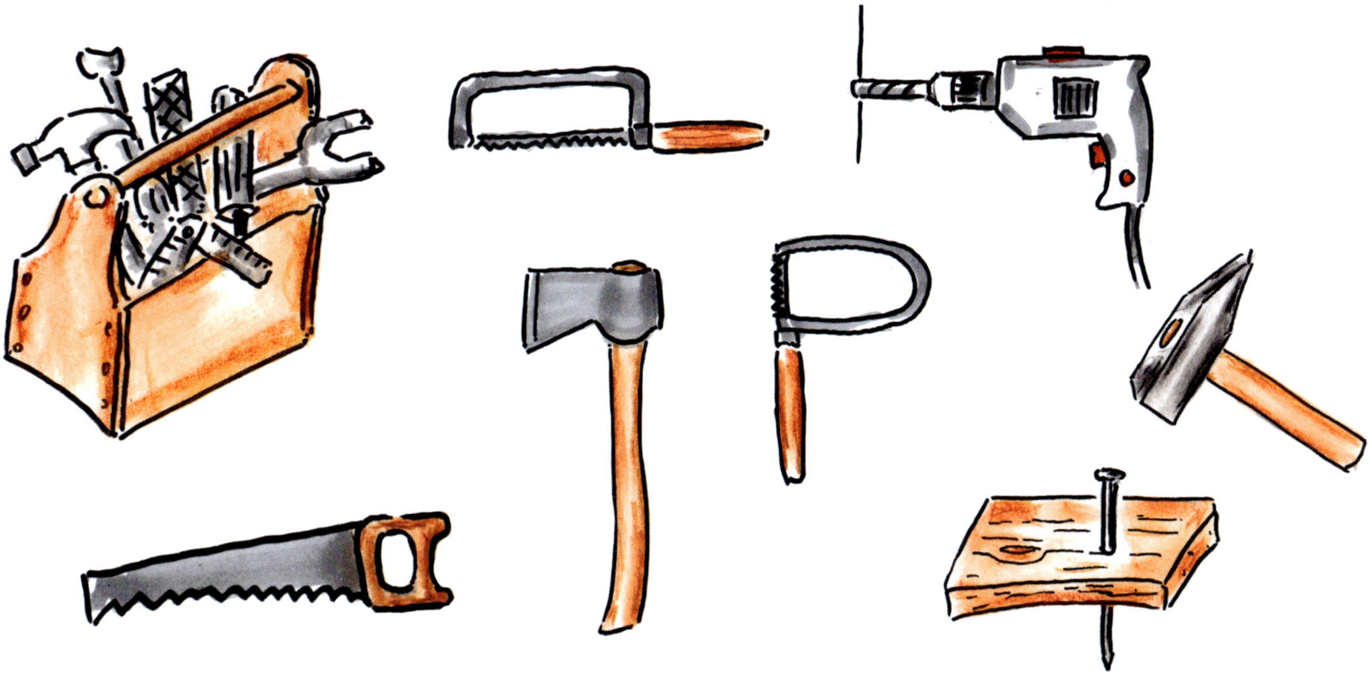

Step by Step Ein Nähkästchen zeichnen

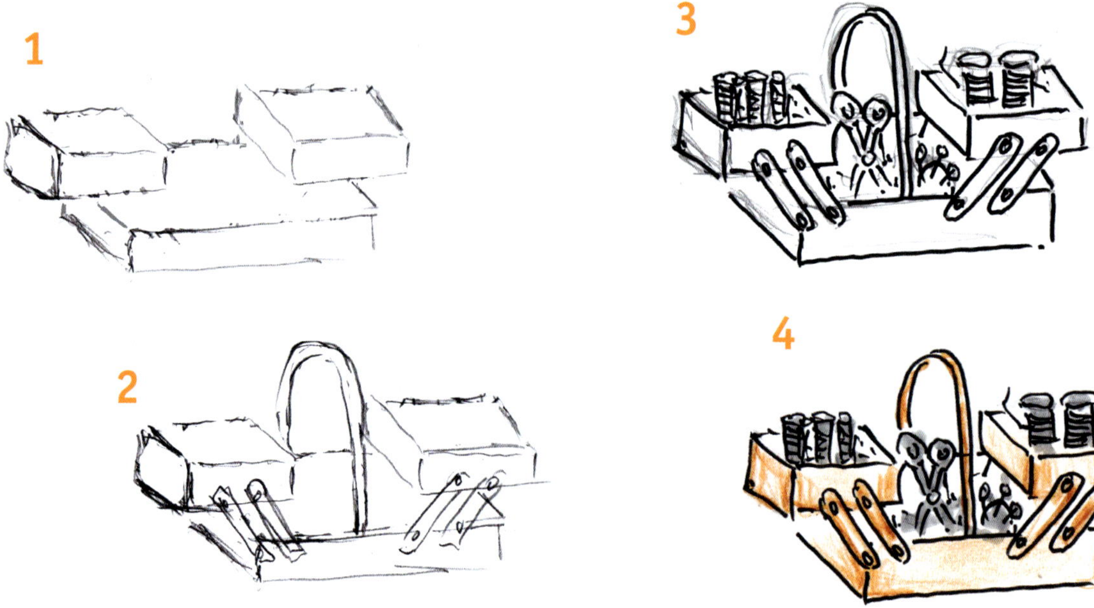

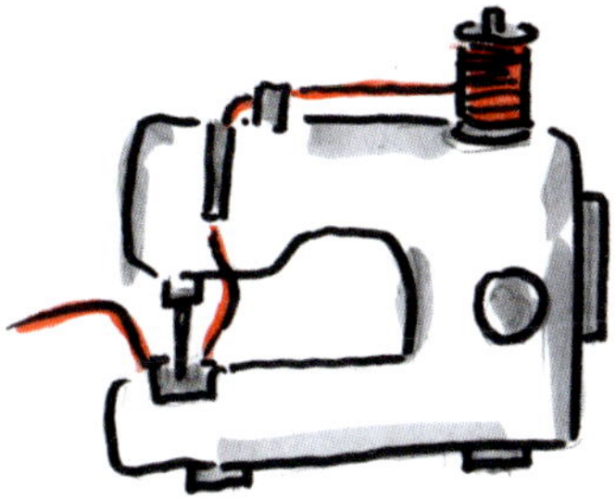

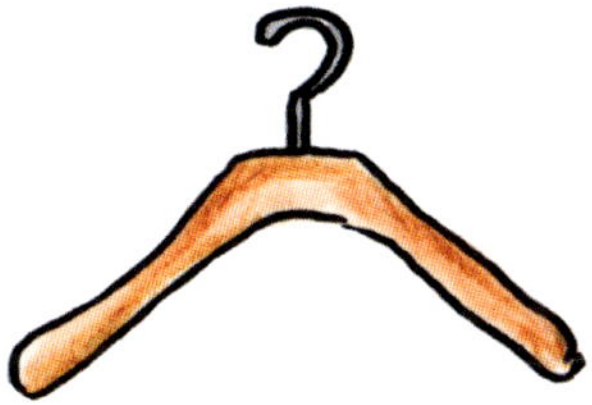

Bügel mich!

Haushalt

99€
85€
59€
110€
59€

Haushalt

Step by Step Einen Kühlschrank von innen zeichnen

1

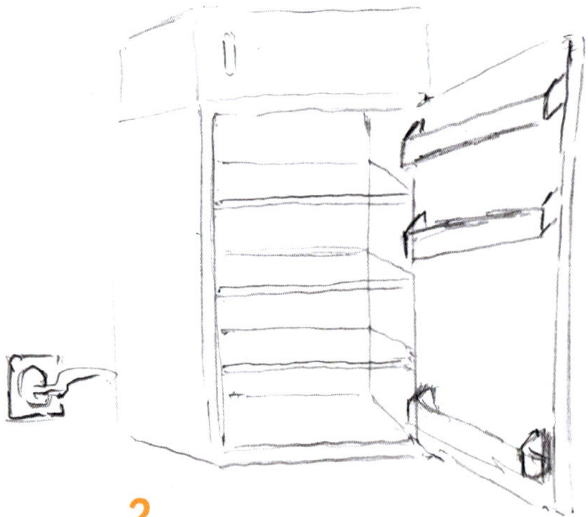

2

3

4

Haushalt

Milk

Haushalt

basil
chives
parsley

Infrastruktur
Bildung & Beruf
Haushalt
Freizeit
Natur

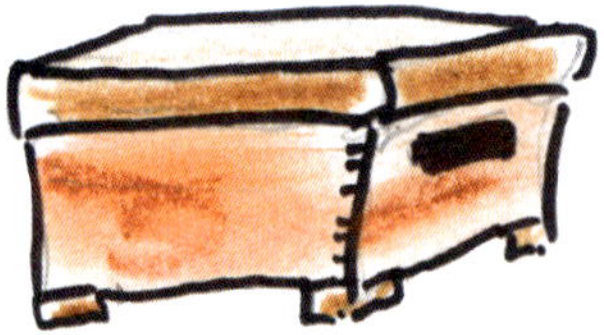

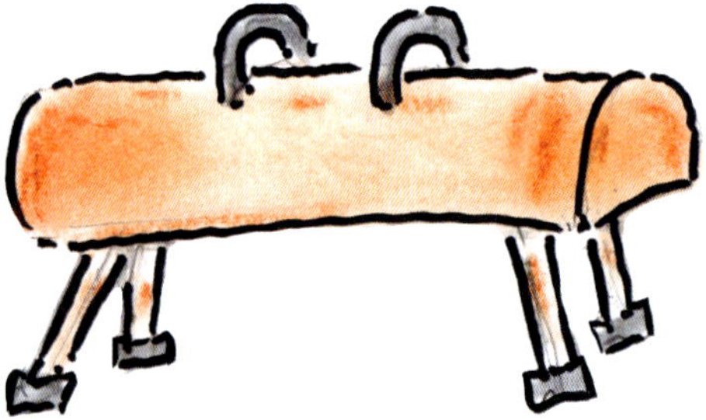

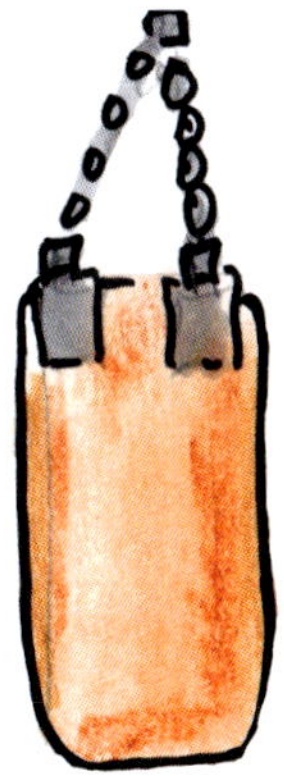

STEP BY STEP **Zauberwürfel zeichnen**

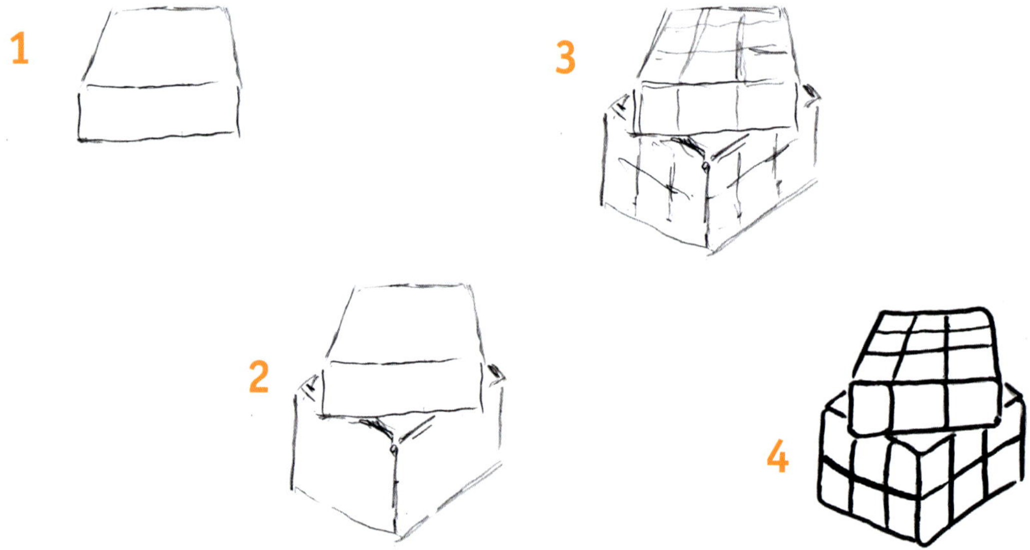

SCRABBLE

Freizeit

Infrastruktur
Bildung & Beruf
Haushalt
Freizeit
Natur

STEP BY STEP Einen Krökeltisch zeichnen

1

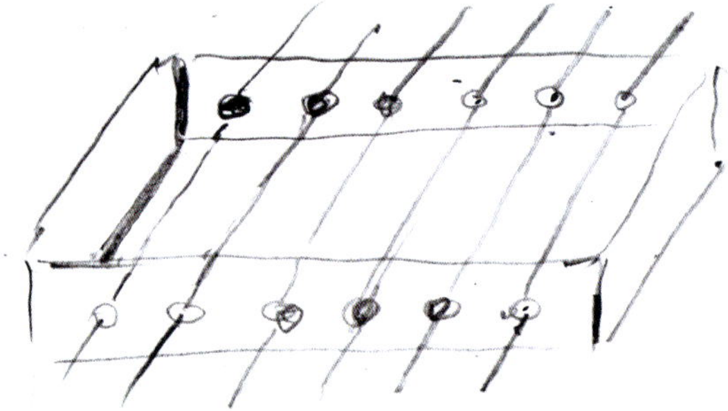

2

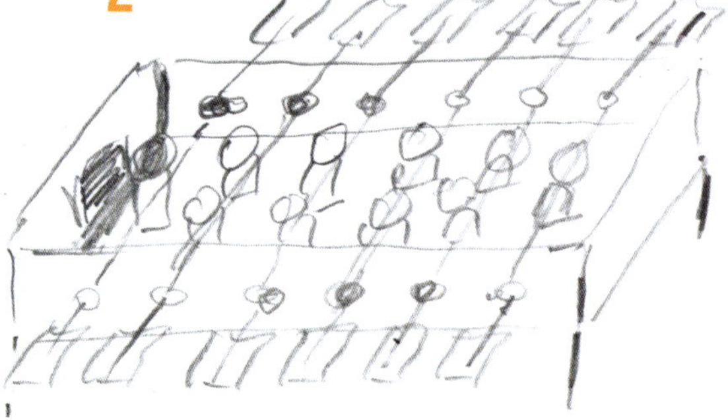

16

8

Freizeit

Infrastruktur
Bildung & Beruf
Haushalt
Freizeit
Natur

STEP BY STEP Ein Kartenhaus zeichnen

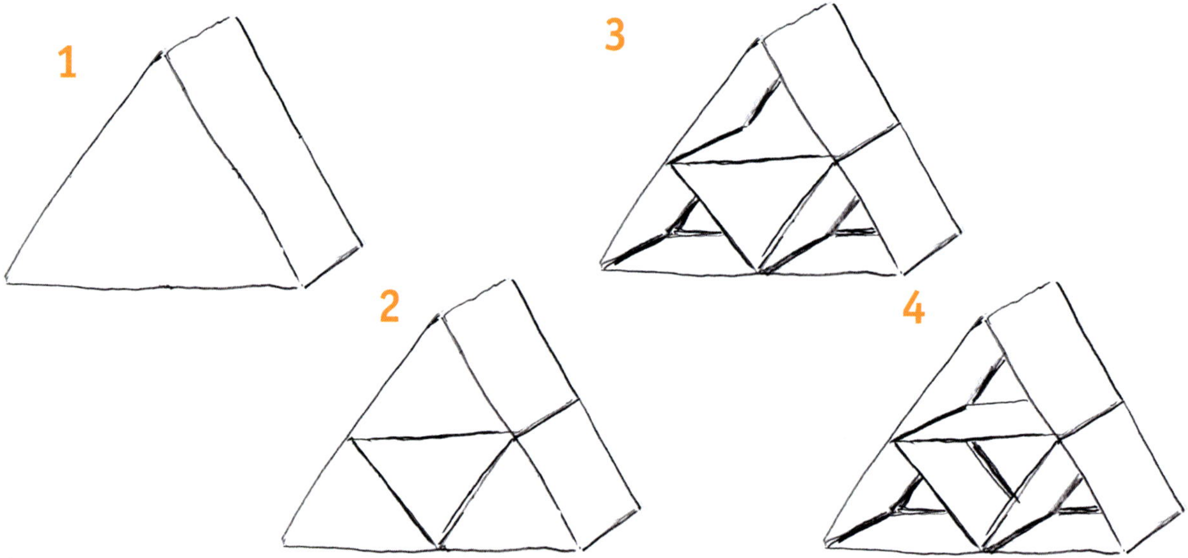

Natur

STEP BY STEP Einen Baum zeichnen

Infrastruktur
Bildung & Beruf
Haushalt
Freizeit
Natur

STEP BY STEP Eine Landschaft zeichnen

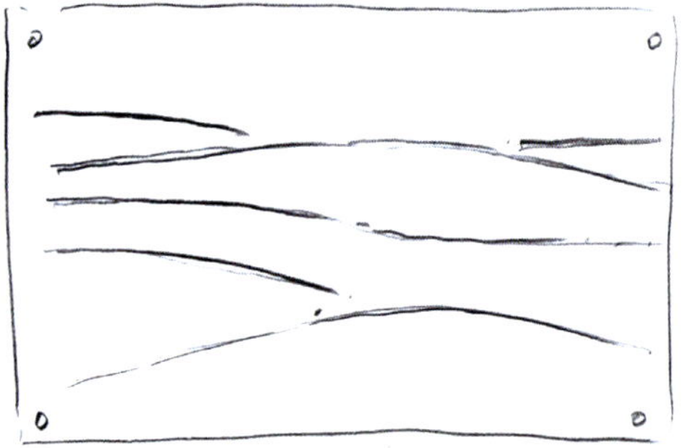

1

2

3

5

4

Natur

Natur

ATHEN

Infrastruktur
Bildung & Beruf
Haushalt
Freizeit
Natur

STEP BY STEP Einen Hund zeichnen

STEP BY STEP Die Bremer Stadtmusikanten zeichnen

Natur

Natur

Natur

Natur

Figuren Grundwortschatz

Kullermännchen

नमस्कार
你好
Salve
Ciao
¡Hola!
Γεια σας
Hi!
Привет

Kullermännchen

Kullermännchen

Gesichter

STEP BY STEP **Gesichter zeichnen von vorn**

Gesichter

STEP BY STEP Gesichter aus allen Perspektiven zeichnen

Gesichter

Kullermännchen

Gesichter

Körpersprache

Charaktere

Mensch & Tier

Gesichter

Kullermännchen

Gesichter

Körpersprache

Charaktere

Mensch & Tier

Gesichter

Körpersprache

Körpersprache

LEARNING Vom Sternmännchen zur Figur

Alle Sternmännchen können nun mit Frisur und Kleidung zu Figuren gemacht werden. Hier ein Beispiel:

Charaktere

Charaktere

Charaktere

Charaktere

Gesucht
5000€

180
170
160
150
140

180
170
160
150
140

Charaktere

Charaktere

Mensch & Tier

Figuren Aufbauwortschatz

Körper

Learning Ein Skelett grob skizzieren

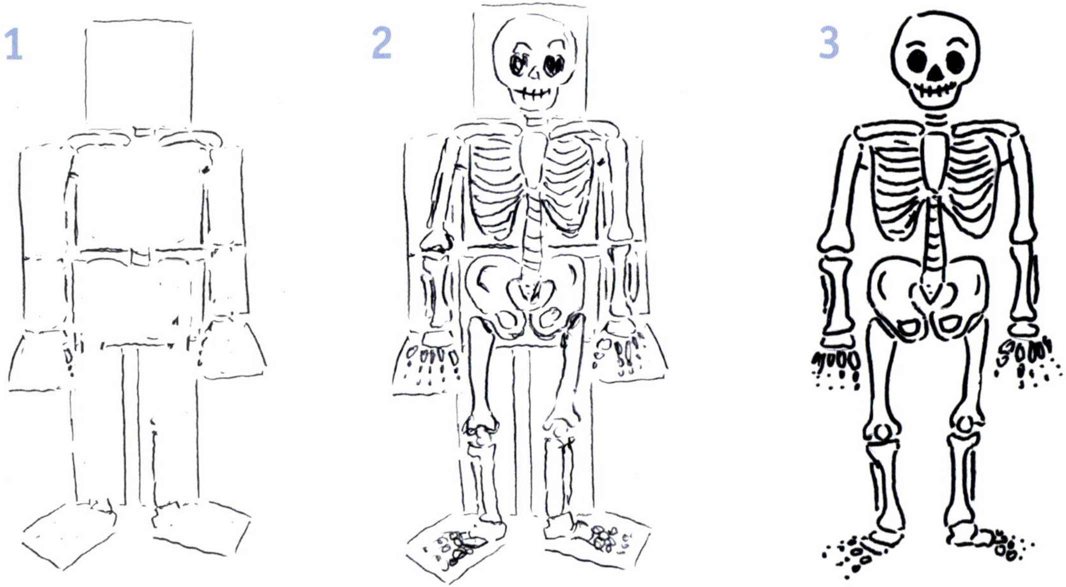

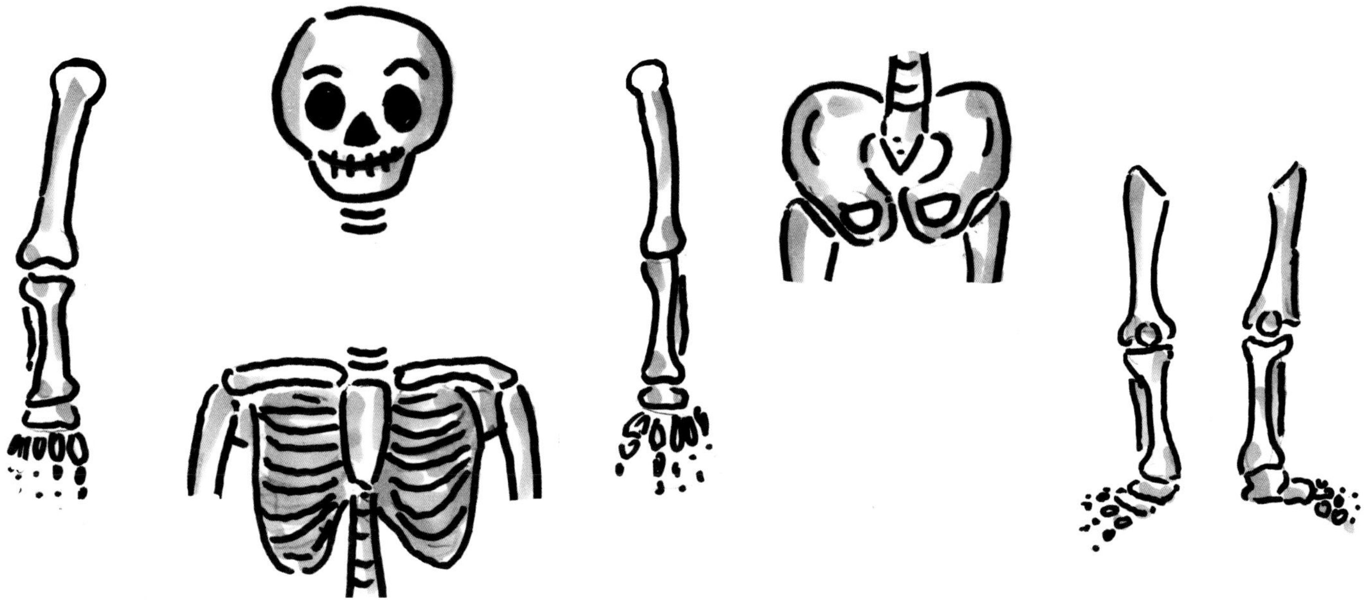

Körper

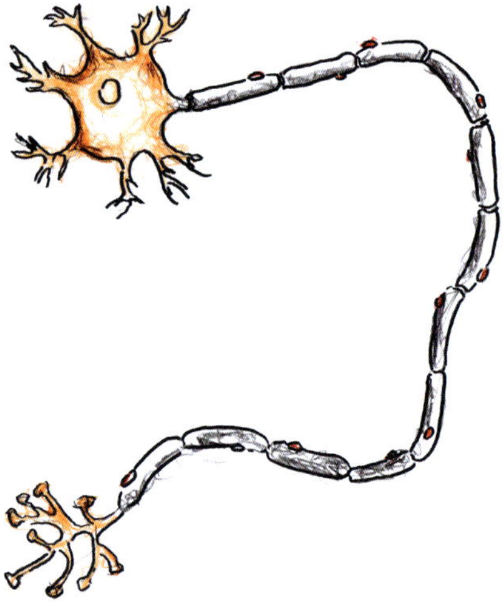

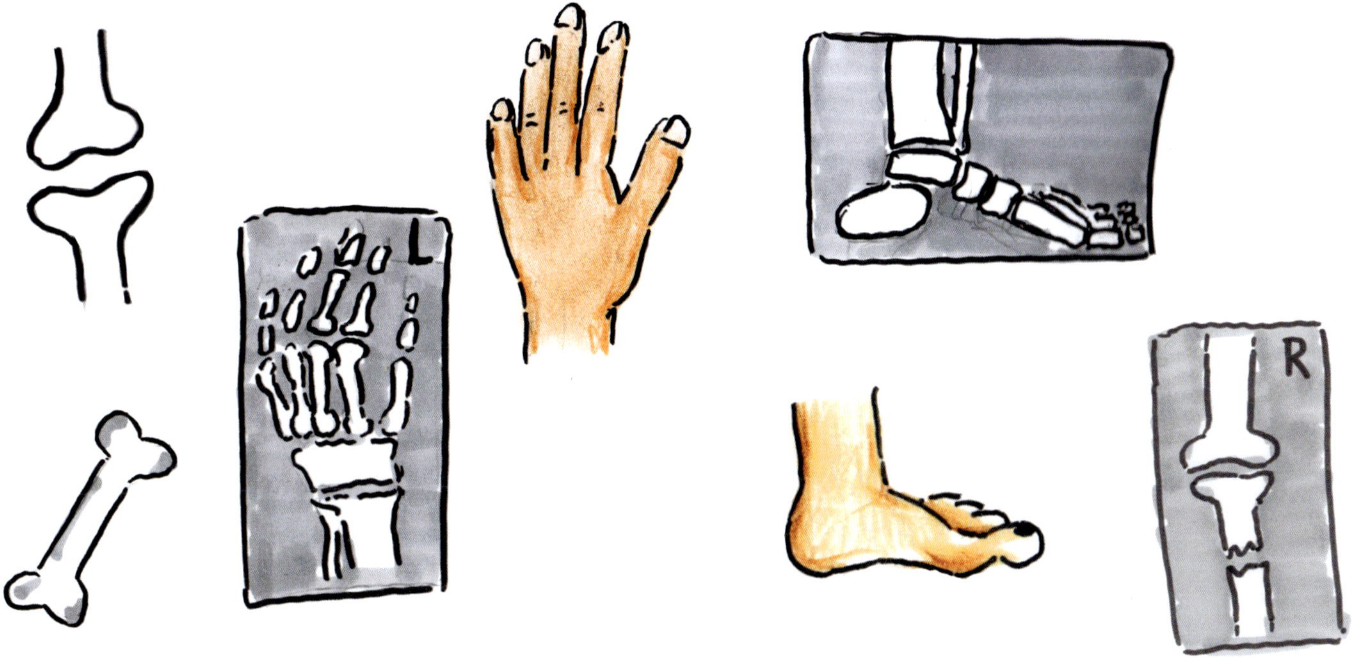
L
R

Körper

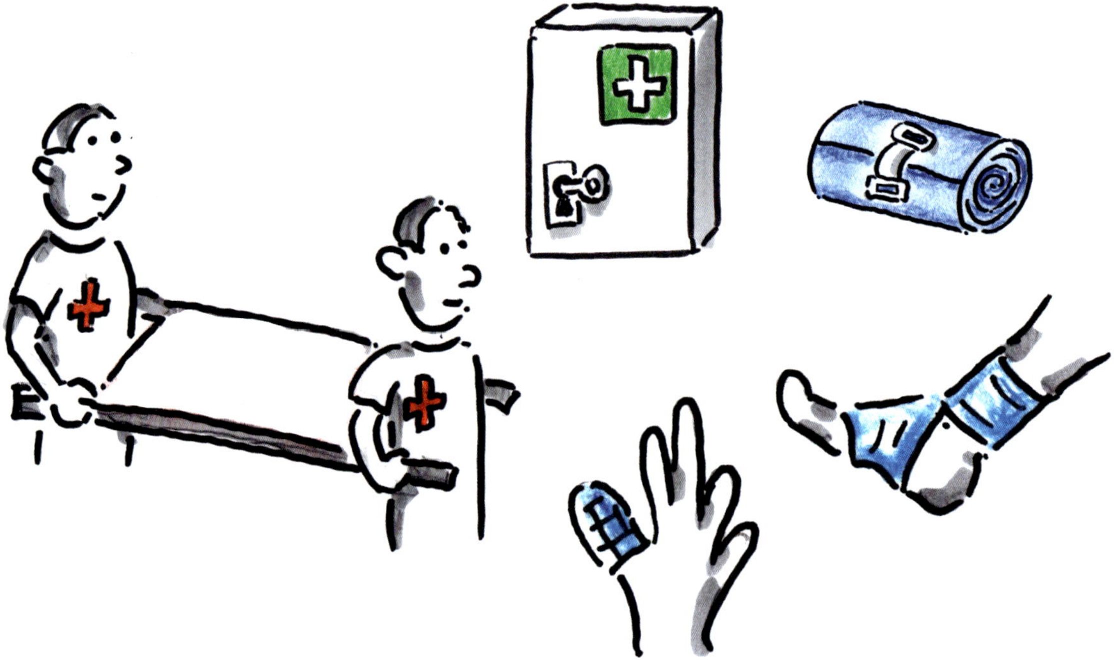

K
U R
ZSICH
TIGKEIT

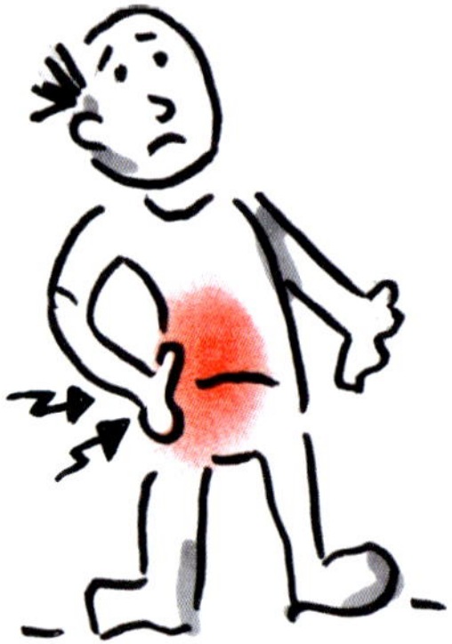

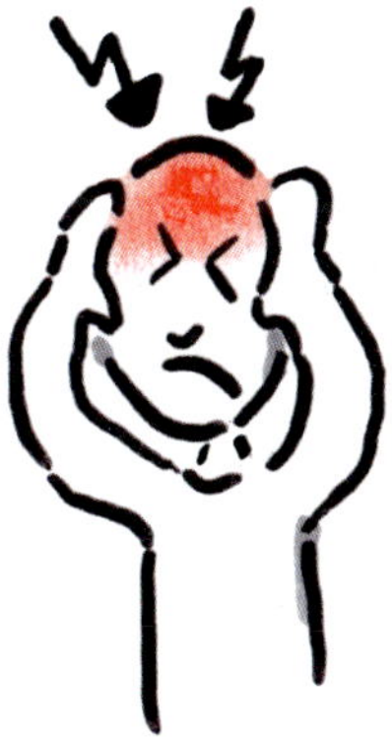

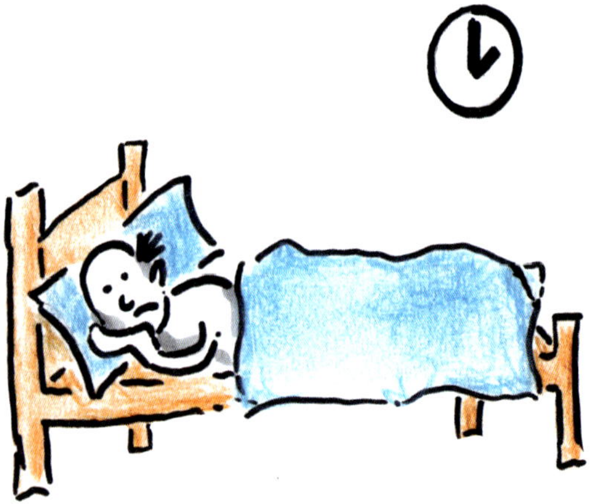

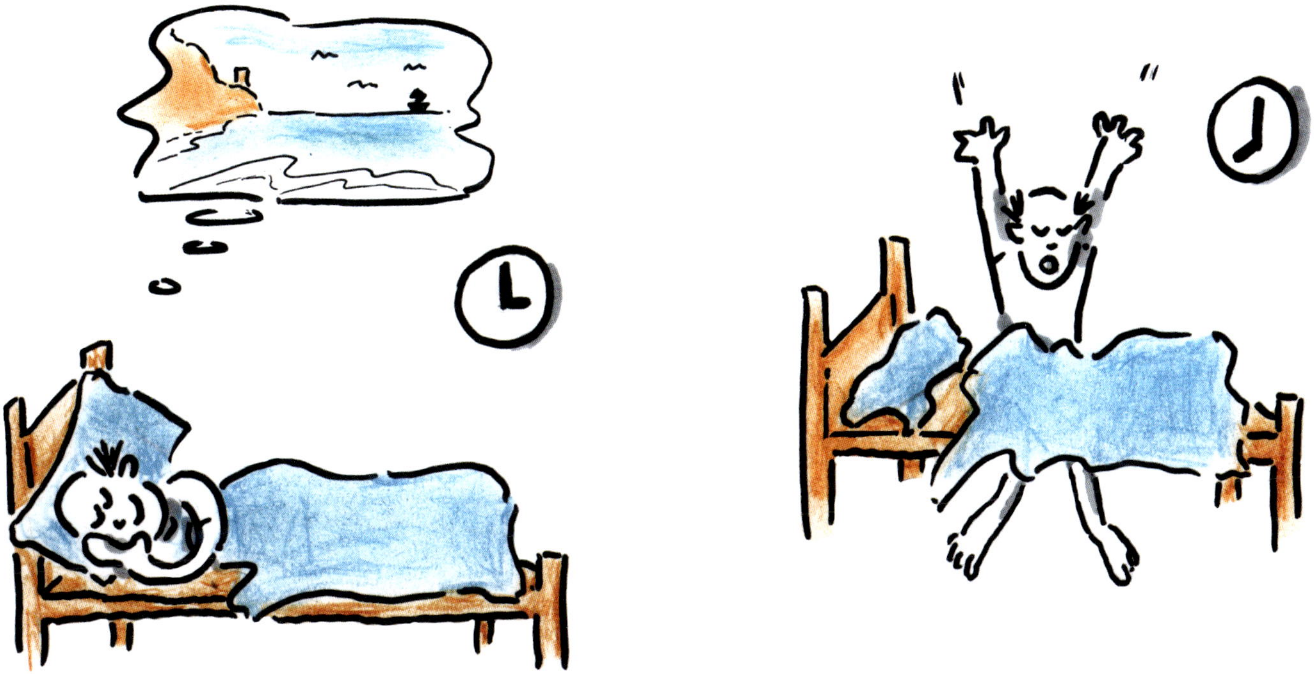

STEP BY STEP **Sternmännchen in Bewegung**

In Bewegung

In Bewegung

In Bewegung

In Bewegung

Körper
In Bewegung
In der Bildung
Im Beruf
Im Haushalt
In der Freizeit

Figuren
Aufbauwortschatz

STEP BY STEP **Jonglieren mit drei Bällen**

In der Bildung

In der Bildung

Büro

Im Beruf

WIR STREIKEN
Ich auch!

Im Beruf

Im Beruf

Im Beruf

Frühbeet der Ideen

Im Haushalt

Im Haushalt

Im Haushalt

Im Haushalt

10 m

In der Freizeit

In der Freizeit

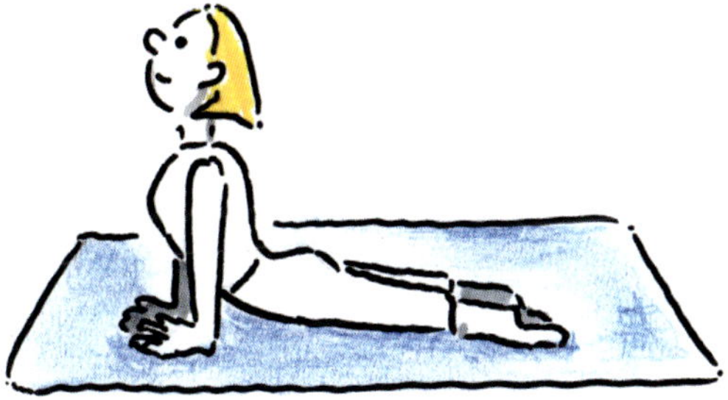

Figuren
Aufbauwortschatz

In der Freizeit

In der Freizeit

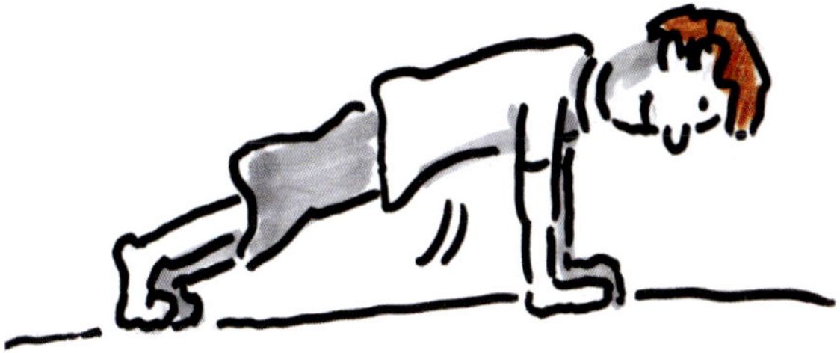

In der Freizeit

In der Freizeit

START

ZIEL

STEP BY STEP Maler in Landschaft zeichnen

1

2

3

D+M

In der Freizeit

In der Freizeit

STEP BY STEP **Ein Baumhaus zeichnen**

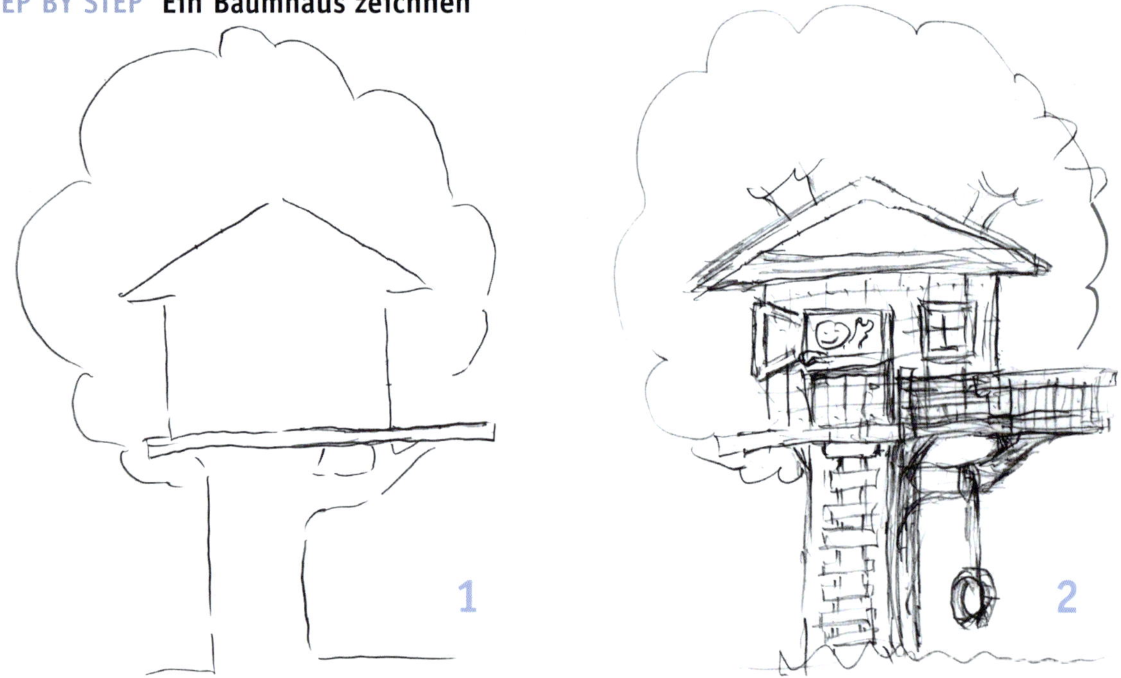

3

4

In der Freizeit

In der Freizeit

Körper
In Bewegung
In der Bildung
Im Beruf
Im Haushalt
In der Freizeit

In der Freizeit

Ende

Index Bilder & Symbole von A bis Z

Index

A

Abgrund 30
Adam & Eva 198
Agentur für Arbeit 48
Aktenablage 103
Alexa 91
Allee 62f
Alter 173, 184f, 210, 289
Ampel 72, 165
Anatomie 51, 204f
Angriff 222
Anker 48
Antenne 85f
Apfel 56, 115, 118, 154, 198, 246f, 287
Arche Noah 159
Argumentation 166
Armut 238
Ast, Sägen am 254

Astronaut 191
Atom 44
Auto 28, 49, 72f, 186f, 225, 252
Autonomes Fahren 225
Axt 109, 255

B

Bäcker 190
Badewanne 257
Ballsport 259f
Bandit, einarmiger 137
Banknoten 49, 94f, 238f
Basketball 262
Batterie 48
Baum 57, 140f, 198, 266, 280f
Behinderung 50, 52, 210, 224, 262
Berufe 190f
Bestechung 238f
Bett 105, 213f
Bewegungsabläufe 216f
Biene 29, 56
Bild 105, 253
Bildung 98f, 226f
Billard 135
Blindheit 211
Blitzgerät 28, 65, 76
Blume 33, 57, 241
Bogenschießen 287
Bremer Stadtmusikanten 150f
Brett 23, 109, 124, 154, 254
Brunnen 144
Büro 102f, 232f
Bundestag 162
Burdians Esel 150
Bus 49, 223
Bushaltestelle 71, 220, 223

Index

C

CD 88
Chamäleon 154
Charaktere 184f
Cheerleading 263
Cloud 91
Clown 190

D

Darknet 92, 192
Datensicherheit 93
Diagramm 234f
Dialog 167
Diamant 29, 165, 240f
Digitalisierung 88f, 229f
Diskette 88
Domino 131
Dompteur 199

Don Quijote ... 200
Donut ... 47
Dose ... 42, 126, 186
Dreieck, unmögliches ... 36
Drohne ... 91
Drucker, 3D ... 90

E

Eier ... 122, 126, 146, 251
Einbrecher ... 192
Einkauf ... 115, 246f
Elch ... 154
Elfmeter ... 261
Emotionen ... 178f
Energieerhaltung ... 44
Entscheidung ... 151, 238, 246
Entspannung ... 257, 266f, 288f
Entwicklung ... 57, 184f, 245

Erfindung des Rades ... 244
Erste Hilfe ... 52, 208
Esel ... 59, 150f, 200f
EU-Flagge ... 34f
Eule nach Athen ... 147
Euro ... 94f

F

Fackelläufer ... 274
Faden, roter ... 27
Fahrradfahrer ... 225
Familie ... 186f
Feigenblatt ... 57, 183, 198, 204
Fenster ... 23, 27, 104
Fernseher ... 86
Feuer ... 79
Feuerwehr ... 78f
Fieber ... 213

Index

Fingerabdruck, elektronischer 93
Firewall 93
Fisch 58, 123
Fischernetz 23
Flaschengeist 196
Fließband 80
Flagge 34, 48, 162, 188, 191
Fluchen 72f, 247
Flucht 153, 222f
Flugzeug 49, 84
Freiheit 157
Freiheitsstatue 195
Freistoß 260
Fremdsprachen 163
Frosch 68, 156f
Froschperspektive 68
Frühbeet der Ideen 245
Fuß 51, 207f
Fußballspiel 162, 260f

G

Gabelstapler 49, 81
Gameboy 86
Gartenzwerg 188
Gedankenblase 164, 214f, 233, 244
Gehirn 51, 206
Geld 49, 94f, 164, 238f
Geldwäsche 97
Gerechtigkeit 164, 192
Geschäftsmann 239
Geisha 188
Gemüse 120f
Generationen 184f
Gesichter 168f
Geräteturnen 128f, 272f
Gesellschaftsspiele 130f
Gestik 33, 178f, 238f
Gewichtheber 270
Gewürze 125
Ghettoblaster 87
Gießkanne 57, 144, 245
Globalisierung 84, 163
Glücksspiel 136f
Glühbirne 80f, 164f, 245
Goldmedaille 275
Grundformen 32f
Grundkörper 38f

H

Haarkontrolle 174f
Häftling 193
Hammer 54, 109, 192, 253f
Hand 33, 51, 147, 178f, 207f, 238f
Handarbeit 110f
Handel 82
Handschellen 193, 239
Handwerk 54, 108f, 252f
Handy 89

Index

Haushalt 54f, 104f, 246f
Heuhaufen 145, 151
Hippie 220
Hirte 199
Hochwasser 158f
Huhn 58, 146, 223
Hund 58, 148f, 211, 267
Hygiene 50, 174f

I J

Idee 80f, 165f, 245
Imker 191
Infrastruktur 62f
Insel 97, 164
Interview 237
Jahreszeiten 57, 141
Jonglieren 226
Justizia 195

K

Kalender 99
Karate 269
Karte, rote 261
Kartenhaus 138f
Kartenspiel 139
Karton 80f, 238
Katze 59, 149f
Kegel 29, 39, 43
Kerze 29
Kettenglieder 46f
Kinderwagen 50, 224
Kino 163
Kleeblatt 57
Kleidung 27, 33, 50, 105, 111f
Klettern 259
Knochen 51, 204f, 207
Knoten 24f
Kochen 124f, 248f
König 194
Körper 51, 204f
Körperhaltung 180f
Koffer 49, 52, 96, 187, 189, 223, 239
Konflikt 29, 167
Kopf, in den Sand 153
Kopfball 260
Kopfbedeckung 176f
Kopfschmerzen 213
Korb 23, 111, 245
Kraftsport 270f
Krankheiten 212f
Krankenwagen 52, 78
Krone 45
Küchenarbeit 55, 124f, 248f
Kühlschrank 114f
Kugel 39, 44f, 135, 156, 163, 226

Kullermännchen 52, 162f
Kulturen, verschiedene 163, 188f
Kurzsichtigkeit 211

L

Lampe 33, 43
Landschaft 30f, 142f, 218f, 278f
Landwirtschaft 144f
Laptop 90f, 192, 229, 232f
Lastwagen 81
Laufen 222f, 224, 274, 276f, 291
Lehrer 228
Liegestütz 271
Linien 22f
Litfaßsäule 43, 76, 149
Lochkarte 88
Löwe 59, 199
Lotto 137

Luftsport 258
Lupe 145,240

M

Maler 278f
Mammut 155,222
Marktstand 246
Mauer 41,93,252
Meditation 129,268
Medizin 52f,208f
Megafon 237
Mensch ärgere Dich nicht 133
Mensch und Tier 198f
Menschenmassen 162f
Metzgerei 250
Mimik 178f
Moderation 100, 234f
Möhre 56,120,165,201,242f,246f,248f
Mönch 268
Motivation 164,201,242f,263
Multitasking 232
Musikcassette 87

N

Nachwuchs 152,186f
Nadel im Heuhaufen 145
Nähkästchen 110
Nahrungsmittel 56,114f, 246f
Napoleon 195
Natur 57, 140f, 278f
Navigation 66,70
Neptun 197
Nervenzelle 206
Newton 287
Nixe 197
Nudelholz 251

Index

O

Obst 56, 118f
Ölförderung 83
Ofen 55, 127, 251
Offshore 83
Olympiade 274f
Organe 51
Orientierung 35, 66, 70

P

Panne 75
Papierflieger 98
Papierstapel 103, 233
Paragliding 258
Parkbank 288f
Perle 45
Philosoph 196
Pinnwand 101

Pisa, Turm 105,253
Plattenspieler 87
Pleite 238
Polizist 192
Präsentation 234f
Prinzessin 156,194
Produktion 80
Puppe, russische 188
Putzmittel 54, 106f
Pylon 43
Pyramide 39,41

R

Rasur 175
Raute 33f,182
Redner 236
Regen 22f,157,159
Reichtum 239,241
Reifen 47,75
Reise 49,187
Reparatur 77,252
Respekt 241
Retro 86f
Rettungsring 47,48,257
Rettungswagen 52,78
Rezept 248
Richter 192
Ringe 47,128,272
Ritter 194,200
Roboter 81,91,106,133,166
Röntgenbild 206f
Rollator 52,210
Rollstuhlfahrer 50,52,210,224,262
Rolltreppe 49
Roulette 136
Rückenschmerzen 212

S

Säge 54,109,254
Sandsack 129,269
Satellit 85
Schachspiel 133
Schädel 51,204f
Schaf 59, 199
Schatztruhe 241
Schaukeln 281f
Schere 175
Schiedsrichter 261
Schiff 48, 82
Schirm 48,157,188,258,292f
Schlaf 214f, 289
Schlange 51,155,198
Schlangenbeschwörer 198
Schmerzen 212f
Schneemann 243

Schokolade 41
Schrank 105
Schreibmaschine 86
Schüler 228f
Schule 98f, 228f
Schultüte 43
Schuster 190
Schwangerschaft 51, 186
Schwimmbad 256
Schweizer Messer 48
Schwerkraft 287
Scrabble 131
See 23, 290f
Selfi 230
Sensenmann 195
Siegerehrung 164, 275
Skateboardfahrer 225
Skelett 204f
Skyline 66f
Slacklining 281
Smartboard 99, 229
Smartphone 29, 90, 93, 220, 230f
Spatz in der Hand 147
Speedline 28
Spiegel 23
Spiel des Lebens 132
Spiele 130f
Spielfigur 43f, 133
Spielkarte 33, 138f
Sport 128f, 256f
Sprechblase 72f, 163f, 247
Sprung 256, 258, 273
Station 162
Staffelei 278f
Staffelläufer 274
Startschuss 276

Stau 73
Steckbrief 35, 193
Stereoanlage 87
Sternmännchen 51,180,216f
Steueroase 97
Storch 58,152,156
Strand 30, 292f
Straße 62f
Strauß 153
Streik 236
Stress 153,187,222f,232f
Stuhl 37
Sumo-Ringer 269
Suppe 249

T

Tafel 99, 228
Tai Chi 268

Tandemsprung 258
Tank, leer 75
Tanzen 264f
Taube auf dem Dach 147
Technik 86f
Telefonzelle 89
Tiere 58f, 146f, 198f
Tisch 26f, 37, 104, 134f, 231f, 244
Toaster 56
Topf 55, 126f, 248f
Torwart 261
Traum 214f, 257
Tribar 36
Trojaner 92
Tür 104, 232
Tunnel 65
Turm 105, 194, 253
Turnen 128f, 272f

U

Überforderung 233
Übergewicht 212
Überschwemmung 159
Überstunden 233
Überwachungskamera 91
Unfall 76
Unterricht 228f
Urkunde 102
Urmensch 195, 222, 244
USB-Stick 88

V

Verfolgung 223
Vergleich 151, 246
Verkehr 49, 70f
Verletzung 51, 208f
Verliebt 156, 281, 288

Index

Versteckspiel 286
Virus 92
Vogel 58, 68,146f
Vogelperspektive 68
Vogelscheuche 57,145
Vorhersage 244

W

Waage 55,124
Wachstum 57,245
Wäschehaufen 111
Wahrsagerkugel 156,244
Walkman 87
Warten 73,247
Wassersport 256f
Wasserspeicher 144
Weg 62f
Wegweiser 35, 147

Weihnachtsbaum 255
Weihnachtskugel 45, 255
Weiterbildung 100, 234f
Weltall 35, 85
Weltkugel 49, 84f, 163
Werkzeug 54, 108f, 252f
Werte 29, 165, 240f
Wertschätzung 240f
Wetter 157f, 244
Wettkampf 274f
Windmühle 200
Windpark 83
Wohnungseinrichtung 104f
Wolke 157f, 164, 214f, 233, 244
Wolkenkratzer 66f
Workshop 100, 234f
Würfel 39, 40f, 130f, 227
Wurm 92, 154

Y Z

Yoga 129, 266f
Zauberer 190, 196
Zauberwürfel 130f, 227
Zebrastreifen 64, 71, 221
Zeit 214f, 232f
Zeus 197
Ziel 277
Zöpfe, abschneiden 175
Zylinder 39, 42f

Über die Autorin

Petra Nitschke

Die Diplom-Mathematikerin und Diplom-Supervisorin ist Begründerin der beiden Firmen smartrix und mathrix. Seit 1998 bildet sie in Unternehmen Mitarbeiter für die organisationsinterne Wissensvermittlung aus.

Als Expertin für Visualisierung verhilft sie Mitarbeitern in Organisation dazu, ihr Wissen gegenseitig gut strukturiert und methodisch fundiert zur Verfügung zu stellen – ihr Wissen sichtbar zu machen!

Ihre oberste Maxime als Trainerin lautet: „Lernen darf Spaß machen – ein Leben lang!". Auf diese Weise gestaltet sie ihre Trainings zu einem lustvollen Ausflug in die Welt des Wissens. Gehen Sie mit ihr auf Entdeckungsreise!

Kontakt: www.smartrix.de | www.mathrix-hannover.de

„Während meines Mathematikstudiums habe ich jede Vorlesung auf einem Plakat visualisiert – Definitionen, Sätze und Beweise in Zusammenhang gebracht, kleine Grafiken eingefügt und eingefärbt.

Ich habe den trockenen Mathestoff kreativ in Szene gebracht – die Arbeit hat mir riesigen Spaß gemacht! Ich bin heute der Überzeugung, dass ich ohne die Kraft der Bilder mein Studium nicht so erfolgreich beendet hätte!“

Danksagung

Auch im zweiten Band hat meine geliebte Mutter wieder alle Zeichnungen auf Tauglichkeit getestet und für sich weiterentwickelt. Es war mir so eine große Freude zu sehen, wie meine Figuren unter ihrer Feder liebevoll zum Leben erweckt wurden.

Danke Mama!

Weitere Werke der Autorin

Petra Nitschke

Trainings planen und gestalten

Professionelle Konzepte entwickeln. Inhalte kreativ visualisieren. Lernziele wirksam umsetzen.

ISBN 978-3-941965-16-4

49,80 EUR

Entwickeln Sie systematisch ein klar strukturiertes Trainingskonzept. Erstellen Sie professionelle Dokumente und begeistern Sie Kunden und Teilnehmer mit ansprechenden Charts. Gestalten Sie Lernräume, die Spaß machen!

Weitere Infos: www.managerseminare.de/tb/tb-8557

Petra Nitschke
Bildsprache
Formen und Figuren im Grund- und Aufbauwortschatz
ISBN 978-3-941964-37-9
49,80 EUR

Lernen Sie eine neue Sprache – die Bildsprache –, um sich visuell auszudrücken, und übersetzen Sie Ihre Texte in Bilder. In diesem Buch erhalten Sie neben einem soliden Grundwortschatz auch einen umfangreichen Aufbauwortschatz der visuellen Sprache. Sie gewinnen spielerisch Zugang zur „Grammatik der Bildsprache" und wagen Sie sich Schritt für Schritt auch an komplizierte Formen und Figuren.

Weitere Infos: www.managerseminare.de/tb/tb-9170

Weitere Werke der Autorin

Petra Nitschke
Lebensbereiche balancieren
Zeit- und Selbstmanagement mit Techniken für ein gesundes und harmonisches Gleichgewicht zwischen Berufs- und Privatleben
ISBN 978-3-95891-016-4
49,80 EUR

Petra Nitschke führt Sie auf Entdeckungstour durch die Welt der vier Lebensbereiche – Geist, Kontakt, Handlung, Körper – und visualisiert zahlreiche Techniken, mit denen es gelingen kann, Zeit für sich zu schaffen sowie diese vier Bereiche in Balance zu bringen und zu halten.

Weitere Infos: www.managerseminare.de/tb/tb-11707